便民圖纂卷第五

樹藝類下

種諸色蔬菜

薑宜耕熟肥地三月種之以蠶沙或腐草灰糞覆蓋每隴闊三尺便於澆水待芽發後又揠去老薑上作矮棚蔽日八月收取九十月宜掘深窖以穅粃合埋暖處免致凍損以爲來年之種

芋其種揀圓長尖白者就屋南簷下掘坑以礱糠鋪底將種放下稻草蓋之至三月間取出埋肥地待苗發三四葉於五月間擇近水肥地移栽其科行與種稻同或用河泥或用灰糞爛草壅培旱則澆之有草則鋤之若種旱芋亦宜肥地

蘿蔔三月下種四月可食五月下種六月可食七月下種八月可食地宜肥土宜鬆澆宜頻種宜稀密則芟之肥大

胡蘿蔔宜三伏内治地作畦若地肥則漫撒子頻澆肥大

油菜八月下種九十月治畦以石杵舂穴分栽用土壓其根糞水澆之若水凍不可澆至二月間削草浄澆不厭頻則茂盛薹長摘去中心則四面叢生

子多

藏菜 七月下種寒露前後治畦分栽栽時用水澆之待活以清糞水頻澆遇西風及九焦日則不可澆

芥菜 八月撒種九月治畦分栽糞水頻灌

烏菘菜 八月下種九月下旬治畦分栽

夏菘菜 五月上旬撒子糞水頻澆客則芟之

菠菜 七八月間以水浸子殼軟撈出控乾就地以灰拌撒肥地澆以糞水芽出惟用水澆待長仍用糞水澆之則盛

甜菜 即莙薘八月下種十月治畦分栽頻用糞水澆

之

白菜 八月下子九月治畦分栽糞水頻澆

莧菜 二月間下種三月下旬移栽於茄畦之旁同澆灌之則茂

豆芽菜 揀菉豆水浸二宿候漲以新水淘控乾用蘆席洒濕襯地摻豆於上以濕草薦覆之其芽自長

生菜 八月漫撒種待長治畦分栽糞水澆灌

苦蕒 種法同上

萵苣 種法亦同上

萵筍 八月下種待長移栽以糞頻壅則肥大

冬瓜　先將濕稻草灰拌和細泥鋪地上鋤成行隴二月下種每粒離寸許以濕灰篩蓋河水洒之又用糞澆蓋乾則澆水待芽頂灰於日中將灰揭下搓碎壅於根旁以清糞澆之三月下旬治畦鋤穴每穴栽四科離四尺許澆灌糞水須濃

王瓜　二月初撒種長寸許鋤穴分栽一穴栽一科每日早以清糞水澆之旱則早晚皆澆待蔓長用竹引上

甜瓜　種法與冬瓜同但分栽離三尺許

香瓜　種法同上或於西瓜畦中夾種亦可

醬瓜　種法與甜瓜同

生瓜　種法亦與甜瓜同

絲瓜　嫩小者可食老則成絲可洗鍋碗油膩種法與下同

葫蘆　二月間下種苗出移栽以糞水澆灌待苗長搭棚引上

瓠　種法同上

茭白　宜水邊深栽逐年移動則心不黑多用河泥壅根則色白

胡荽　先將子捍開四月五月七月晦日晚宜種種宜

濕地以灰覆之水澆則易長

葱 種不拘時先去冗鬚微晒踈行密排種之宜糞培壅

韭 二月下旬撒子九月分栽十月將稻草灰蓋三寸許又以薄土蓋之則灰不被風吹立春後芽生灰内可取食天若晴暖二月終芽長成菜以次割取舊根常留分栽更不須撒子矣

蒜 於肥地鋤成溝隴隔二寸栽一科糞水澆之八月初可種

刀豆 清明時鋤地作穴每穴下種一粒以灰蓋之只

用水澆待芽出則澆以糞水蔓長搭棚引上

茄 二月治畦與冬瓜同種則漫撒長寸許三月移栽栽宜稀澆以糞水宜頻

天茄 清明時撒於肥地蔓長則引上

甘露子 宜肥地熟鋤取子稀種其葉上露珠滴地一點出一株其根皆如連珠須耘浄方盛

薄荷 三月分科種之澆用糞水至六月間割晒待長尺四五再割一年共割二次

紫蘇 二月間撒種長二三寸許於瓜茄畦邉種之

山藥 先將肥地鋤鬆作坑揀山藥上有白粒芒刺者

以竹刀切作段約二寸許相挨排卧種之覆土厚五寸旱則水澆宜牛糞麻餅壅培專忌人糞生苗以竹木扶架霜降後收子種亦得立冬後根邊四圍寬掘深取則不碎一名黄獨其味與山藥同以菉豆殼麻餅或小便草鞋包種之四畔用灰則無蟲傷

便民圖纂卷第五終

便民圖纂卷第六

雜占類

論日　日生暈主雨○日抱耳卜晴雨南耳晴北耳雨日生雙耳斷風絕雨若耳長而下垂近地又名日幢主乆晴○夏秋閒日沒後起青白光數道衝天主來日酷熱○日返塢曰返照主晴諺云日沒臙脂紅無雨也有風農云返照在日沒前臙脂紅在日沒後○烏雲接日主次日雨若半天原有黑雲日落雲外其雲夜必散或半天雖有雲而日沒下段無雲狀如巖洞皆主晴

論月　月生暈主風更看何方有缺風從缺處來○新月卜雨諺云月如彎弓少雨多風月如仰瓦不求自下○新月下有黑雲橫絕主來日雨諺云初三月下有橫雲初四日裏雨傾盆

論星　星光閃爍不定主有風○夏夜星密主熱○明星照爛地來日雨不住言乆雨當昏黃時勿雨住雲開見滿天星斗不但明日有雨當夜亦不晴若半夜後雨止雲開而星月朗然則晴無疑○諺云一箇星保夜晴此言雨後天陰但見一兩星此夜必晴

論風夏秋間有大風拔木揚沙謂之風潮具四方之風爲旋轉之狀名曰颶風有此主霖霪大雨如見斷虹之狀者名曰颶母航海之人甚惡畏焉○凡風單日起單日止雙日起雙日止○凡風自西南轉西北則愈大半夜及五更時起西風亦然諺云日晚風和明日愈多大抵風自日内起者必善自夜起者必毒日内息者亦和夜半後息者必大凍此言隆冬○風急雨下諺云東風急備蓑笠又云風急雲起愈急必雨○牛筋風主雨以東北屬丑故云諺曰東北風雨太公○凡風春南夏北並主雨○冬天南風三日主雪

論雨諺云雨打五更日中必晴○晏雨不晴○雨著水面有浮泡主卒未晴○凡久雨至午少止謂之遣晝在正午遣或可晴午前遣則午後雨不可勝言○凡雨最怕天亮以久雨正當昏黑忽自明亮則是雨候也○凡雨驟易晴諺云快雨快晴老子云驟雨不終日○雨間雪難得晴諺云夾雨夾雪無休無歇

論雲雲行占晴雨諺云雲行東車馬通雲行西馬濺泥雲行南水漲潭雲行北好曬穀○上風雲雖開

下風雲不散主雨○雲如砲車形主大風起○雲起下散四野如煙霧名曰風花主有風○雲陣自西南來雨必多諺云西南陣便過落三寸雲起自東南來必無雨雲陣自西北起黒如潑墨又如眉梁陣主大風而後雨終易晴○天河中有黒雲生謂之河作堰又謂之黒猪渡河一路對起相接亘天謂之合羅陣皆主大雨立至若久陰之餘或作或止忽雲作橋則必有掛帆雨却又是雨脚將斷之兆○凡雲陣行疾如飛或暴雨乍傾乍止其中必有神龍隱見○凡旱年雲陣起或自東引西或

自西而東俗謂之沿江挑非但今日無雨必每日如之久旱之兆也潦年每至晚時雨忽至雲稍浮北似霞非霞紅光耀日雨必隨作當主夜夜如此謂之北江紅直至大暑而後已吳人嘗試多驗若是晚霽必兼西北俱晴諺云西北赤好曬麥○雲起細細如魚鱗斑片或大片如鱗一云老鯉斑皆主無雨○陰雲天卜晴諺云朝要天頂穿暮要四脚懸又云朝看東南暮看西北空則無雨○秋天雲陰若無風則無雨○冬天近晚忽有老鯉斑雲起名為護霜天雖漸合成濃陰亦無雨

論霧　莊子云騰水上溢爲霧爾雅云地氣上天不應曰霧凡重霧三日主有風諺云三朝霧露起西風若無風必主雨又云霧露不收即是雨

論霞　諺云朝霞暮霞無水煎茶主旱○朝霞不出市暮霞走千里皆謂朝暮雨後乍晴之霞也朝霞更看顔色斷之若乾紅主晴間有褐色主雨滿天謂之霞得過若西天有浮雲稍重雨立至唐人詩云朝霞晴作雨是也

論虹　虹俗名鱟諺云東鱟晴西鱟雨○對日鱟不到晝指西鱟主何遠也若鱟便雨又主晴詩云朝隮于西崇朝其雨

論雷　諺云未雨先雷船去步歸主無雨○卯前鳴有雨○凡雷聲響烈者雨雖大易過如在水底響者主不晴○雷初發聲微和者年内主吉猛烈者凶值甲子日尤吉○雪中有雷主百日陰雨○雷自夜起主連陰或云一夜起雷三日雨

論電　夏秋之間夜晴而見遠電俗呼熱閃在南主晴在北主雨諺云南閃千年北閃眼前

論氷　氷後水長主來年水氷後水退主來年旱氷堅可履亦主有水

論霜　霜初下只一朝謂之孤霜主來歲歉連得兩朝以上主熟上有鎗芒者吉平者凶主春旱

論霰　霰自上下遇温氣而成謂之霰有霰主有雪蓋天將大雪必先微温久而寒勝則大雪矣詩云如彼雨雪先集維霰此之謂也

論雪　凡雪日間不積受者謂之羞明若霽而不消者謂之等伴主再雪亦主來年多水

論地　地面濕潤甚者水珠流出如汗主暴雨若西北風可解散石磉水流四野鬱蒸亦皆主雨

論山　山色清爽主晴昏暗主雨若小山尋常無雲忽然雲生主大雨

論水　夏初水底生苔主有暴水諺云水底起青苔卒風暴雨來○水際生靛青主風雨諺云水面生青靛天公又作變○水邊經行聞水有香氣主雨水驟至極驗○河内浸成包稻種既沉復浮主有水

論草木　萍藻内春初雨過菌生俗呼雷驚菌多主旱無主水○草屋久雨菌生其上朝生晴暮生雨○茭草一名蕪葭鄉人剥其小白嘗之以卜水旱味甘主水味鹼主旱○麥花晝放主水○匾豆鳳仙五月開花野薇立夏前開花藕花夏至前開並主

水○凡竹笋透林者多主有水○梧桐花初生時色赤主旱色白主水

論鳥獸

諺云鴉浴風鵲浴雨八哥兒洗浴斷風雨○鳩鳴有還聲爲呼婦主晴無還聲爲逐婦主雨○鵲巢低主水高主旱○鵲噪早報晴名曰乾噪○海燕成羣而來主風雨○燕巢不乾淨主田內草多○鸛鳴仰則晴俯則雨○鴈叫朝主晴暮主雨○赤老鴉合水叫雨則未晴晴亦主雨○鴉舅叫早主雨多人辛苦叫晏主晴多人安閒○鬼車鳥夜聽其聲自北而南謂之出窠主雨自南而北謂之歸窠主晴○夏秋間雨陣將至忽有白鷺飛過謂之截雨雨竟不來○吃鵂叫主晴俗謂賣蓑衣鳥○家鷄上宿遲主陰雨○母鷄負雛謂之鷄佗兒主雨○冬天雀羣飛翅聲重必有雨雪○獺窟近水主旱登岸主水甚驗○鼠咬麥苗主不見收咬稻苗亦然倒在根下主礱下米貴銜在洞口主囤頭米貴○圩塍上見野鼠爬泥主有水水必到此爬處方止○鐵鼠白日內銜尾成行而出主雨○狗爬地及眠灰堆高處並主陰雨喫青草主晴向河邊喫水主水退○絲毛狗褪毛不盡主梅水

多○猫喫青草主雨

論龍魚 龍下便雨主晴○凡黑龍下縱雨不多白龍下雨水必甚○龍下頻主旱諺云多龍多旱○龍陣雨每從一路下諺云龍行熟路○魚躍離水面謂之秤水主水漲高多少則水增多少○凡鯉鯽魚在四五月間得暴漲必散子若散不甚水勢未止若散甚水勢必定夏至前後得黃鱨魚甚散子時雨必止雖散不甚水終未定○車溝內魚來攻水逆上得鮎主晴得鯉主水諺云鮎乾鯉濕又鯽主水鱨主晴○黑鯉魚脊翼長接其尾主旱○夏

初食鯽魚脊骨有曲主水○漁者網得死鱖謂之水惡故魚着網即死口開主水立至易過口閉主水來遲卒不定○鰕籠中張得鱨魚主有風水

論雜蟲 水蛇蟠在蘆青高處主水至其處若回頭望下水即至望上稍慢○水蛇及白鰻入鰕籠中皆主大風水作○春暮暴暖屋木中飛蟻出主風雨平地蟻陣作亦然○鼈探頭南望晴北望雨○鬼螺螄浮水面上主有風雨○石蛤蝦蟇之屬叫得響亮成通主晴○田雞噴水叫主雨○蚱蜢蜻蜓黃宝等蟲小滿以前生者有水俗呼魚口中食謂

其纔經風雨俱死於水故也○黃梅三時内蝦蟇屎曲有雨大曲大雨小曲小雨○蚯蚓朝出晴暮出雨

論三旬 朔日晴則五日内晴若雨謂之交月雨主久陰雨若先連綿雨者主雨少○風吹月建方位主米貴自建方來者爲得其正晴雨亦得其宜○二十五日謂之月交日有雨主久陰○二十七日宜晴諺云交月無過二十七晴又云二十七二十八交月雨初三初四莫行船

論六甲 甲子諺云春甲子雨乘船入市夏甲子雨赤地千里秋甲子雨禾頭生耳冬甲子雨雪飛千里蓋甲子爲干支之首猶歲旦爲節氣之先歲旦和平則一年亨利甲子無雲則兩月多晴古人詩云甲子無雲萬事宜○甲子有雌雄單日是雄雙日是雌若雙日值甲子雖雨不妨農家屢試果驗詩云老尚誇雌甲狂寧作散仙則知古人元有雌雄之說

壬子諺云春雨人無食夏雨牛無食秋雨魚無食冬雨鳥無食更須看甲寅日若晴謂之拗得過又云壬子是哥哥爭奈甲寅何一說壬子雖雨丁巳

却晴主陰晴相半二日俱晴則六十日内少雨又云壬子癸丑甲寅晴四十五日滿天星全憑丁巳作中人累試有驗

甲申諺云甲申猶自可乙酉怕殺我吳地窊下最畏此二日雨又閩中見四時甲申日有雨必閉糴主米貴若雨後有南風主水退無雨此老農經驗之言

甲戌庚必變諺云久雨久晴換甲爲真大抵甲爲天干之首故也○甲午旬中無燥土○甲雨乙拘又云甲不拘乙○甲日雨乙日晴乙日雨直到庚○久晴逢戊雨久雨望庚晴○逢庚須變逢戊須

晴○庚申日晴甲子日必晴

上火不落下火滴泡言丙丁日也或曰論納音○久雨不晴且看丙丁

巳亥庚子巳巳庚午四日謂之木主土主雨

論鶴神

巳酉日下地東北方乙卯日轉正東庚申日轉東南丙寅日轉正南辛未日轉西南丁丑日轉正西壬午日轉西北戊子日轉正北癸巳日上天一日在房癸巳甲午乙未丙申丁酉在房内北戊戌巳亥在房内中庚子辛丑壬寅在房内南癸卯

日在房內西甲辰乙巳丙午丁未在房內東戊申日在房內中巳酉復下過而復始諺云纔逢癸巳上天堂巳酉還歸東北方若上天下地之日晴主久晴雨主久雨轉方稍輕值大旱之年則又不應諺云荒年無六親旱年無鶴神

論喜神訣云甲巳寅卯喜乙庚戌亥强丙辛申酉上戊癸辰巳艮丁壬午未好此是喜神方

論潮汛候潮訣云午午未未申寅卯卯辰辰亥亥亥子子半月從頭數○每月十三日二十七日名曰水起是爲大汛各七日初五日二十日名曰下岸是爲小汛亦各七日○諺云初一月半午時潮又云初五二十下岸潮天亮白遥遥又云下岸三潮登大汛○凡天道久晴雖大汛水亦不長諺云晴乾無大汛雨落無小汛

便民圖纂卷第六

便民圖纂卷第七

月占類

正月歲旦值立春人民大安諺云百年難遇歲朝春○是日晴明主歲豐民安犧牲旺冠賊息○日有暈主小熟○有雷主一方不寧○有電主人殃○有霜主七月旱禾苗好○有霧主人疫桑葉賤○有雪夏旱秋水若未交立春則穀麥蕃盛人民六畜俱安○大風雨米貴蠶傷○微風細雨主梅天水大秋旱○四方有黃氣主大熟白氣凶青氣蝗赤氣旱黒氣大水○東方有青雲人病春多雨白

雲八月凶赤雲春旱黒雲春多雨○南方有赤雲夏旱米貴○東風夏米平○南風米貴主旱○西風春夏米貴桑葉貴○北風水澇○東北風水旱調大熟○東南風禾麥小熟○西北風有水桑葉賤○西南風春夏米貴蠶不利○值甲米平人疫○值乙米麥貴人病○值丙四月旱○值丁絲綿貴○值戊米麥魚鹽貴○值巳米貴蠶傷多風雨○值庚田熟○值辛麻麥貴禾平○值壬絹布豆貴米麥平○值癸禾傷人厄多雨○是日秤水起至十二日止以卜十二月水旱每朝取水一瓶

秤之重則雨多輕則雨少如初一管正月初二管二月之類○立春日風色晴雨雷電大率與元日同○上正三卽初三日東北風主水旱調東南風晴主旱西北風主水○五日後雨水多主蠶不收人多疫○八日爲穀旦無風晴暖主高田大熟此夜若雨元宵如之○是日午立丈竿量日影過丈竿主年内大水九尺同八尺瘟六尺七尺雨水四尺五尺風損木三尺蝗一二尺旱飢○是夜量月影立一丈竿於平地候月光纔有影卽量之據其長短移於水面就橋柱或船坊畫痕記之梅水必到所記之處而止水鄉取影短爲吉○是夜看參星在月西主大水夏中一節晴在東對月口主高田半收在南大旱高田無收在北主大惡風人疫有雲掩星月主春多雨○以五子日斷歲事詩括云甲子豐年丙子旱戊子蝗蟲庚子散惟有壬子水滔滔只在正月上旬看○上旬内值甲乙日雨主春雨多丙丁戊己日雨主夏雨多庚辛日雨主秋雨多壬癸日雨主冬雨多年内但逢是日便雨○上元日晴主一春少水詩括云上元無雨多春旱○十六謂之落燈夜晴主旱宜於水鄉最喜東

南風謂之入門風低田大熟有雨主低田没○二十日爲秋收日晴主秋成○雨水後陰多主水少高下皆吉○月内日食人疫夏旱○月食主粟貴盜多○虹見主七月穀貴○月内有三子葉少蠶多無則葉多蠶少○有甲寅米賤○有三卯早豆有收無則少收○有三亥主大水在正月節氣内方准

二月朔日値驚蟄主蝗春分主歲歉風雨主米貴○二日東作興諺云土工日宜雨見薄氷主旱○八日東南風主水西北風主旱○十二日爲花朝晴則百果實夜尤宜晴若雨則四十日夜雨而久陰也諺云十二晴徹夜夜雨却不怕○驚蟄日雷在上旬主春寒黄梅水大中旬主禾傷末旬主蟲侵禾初發聲在艮主米賤震主歲稔巽坤主蝗離主旱兌主五穀長價乾主民災坎主水○春分日東風主麥賤歲豐西風主麥貴南風主五月先水後旱北風主米貴一倍前後一日内雷主歲稔○十五日爲勸農日晴明主豐風雨主歉○春社日晴明主六畜大旺○月内虹見東主秋米貴西主蠶貴霜多主旱月無光有灾異事○乙卯甲寅日雨

入地五寸米小貴若不貴至夏大貴甲子日雷主大熟○有三卯宜豆無則早種禾

三月朔日值清明主草木榮穀雨主年豐○上巳卽三日陰雨主葉賤天晴主葉貴諺云三月初三雨桑葉生苔錇三月初三晴桑樹上掛銀瓶○是日聽蛙聲卜水旱諺云上晝叫上鄉熟下晝叫下鄉熟終日叫上下鄉齊熟聲啞水少聲響水大唐詩云田家無五行水旱卜蛙聲○寒食卽清明前二日吳人專尚此日墓祭謂之掃松取介子推故事其日多值風雨諺云雨打墓頭錢今年好種田○

清明日喜晴惡雨諺云簷前插柳青農夫休望晴門前插柳焦農夫好作驕午前晴早蠶好午後晴晚蠶好○是日雷電主小麥貴夜雨主秧種多東北風桑葉末市貴東南風中市貴末市賤西南風蠶多損葉末市賤西北風中市貴○若清明寒食前後有水而渾主高低田禾大熟四時雨水調○穀雨日雨主魚生諺云一點雨一箇魚○十六日西南風主旱○月內雹多歲稔○虹見九月米魚鹽貴○日食米貴人飢○月食絲綿米皆貴人飢○有暴水爲桃花水主多梅雨○有三卯宜豆無

則宜麻麥

四月朔日值立夏主地動小滿主凶災大風雨主大水小則小水晴主旱老農咸謂此日最要緊此日雨主有重種田之患○立夏日日有暈主水有風主熱是夜觀老人星明朗則一歲大熟暗黑則一歲不登半明半滅則半熟○八日看陰晴卜水旱諺云四月八日晴料掉高田好張鈎四月八烏漉禿不論上下一齊熟是夜有雨損小麥蓋麥花夜吐雨多則損其花故麥粒浮秕薄收○十四日晴主歲稔得東南風尤妙諺云有利無利只看四月

十四○十六日看月上卜水旱諺云有穀無穀且看四月十六又云月上早低田收好稻月上遲高田剩者稀若黃昏時日月對照主夏秋旱月上遲有白色主大水有雲主草多雲黑主有蟹○是夜月當午立一丈竿量月影若過竿主雨水多没田夏旱人飢長九尺主三時雨水八尺主六月雨水七尺主低田大熟高田半收五尺主夏旱四尺主蝗三尺主人飢○二十日爲小分龍日晴主旱雨主水○月内寒主旱諺云黃梅寒井底乾大抵立夏後到至前不宜熱熱則有暴水有東南風謂之

鳥兒信諺云稻秀雨澆麥秀風摇○有三卯宜麻無則麥不收○虹見主米貴

五月朔日值芒種主六畜凶夏至主米大貴諺云初一雨落井泉浮初二雨落井泉枯初三雨落連太湖一日晴一年豐一日雨一年歉○五月五日晴田稻好收成諺云端午逢乾農夫喜歡又主絲綿賤是日值夏至主米貴諺云夏至連端午家家賣兒女若值天陰日無光稻有高低若有霧露雨主有大水若曙色分時有雨東來主人災若至七月七日有雨則此災解若有大風則蝗生水果內生蟲○芒種日宜晴是日後逢壬爲立梅前半月爲梅後半月爲三時立梅日有雨主旱諺云雨打梅頭無水飲牛風土記云夏至前芒種後雨爲黃梅雨最畏半月內西南風有一日西南風主時裏三日雨諺云梅裏西南時裏潭潭又畏雷諺云梅裏雷低田拆舍歸大抵芒種後半月謂之禁雷天又云梅裏一聲雷時中三日雨○冬青花關係水旱其花不落濕地諺云黃梅雨未過冬青花未破冬青花巳開黃梅便不來○夏至日在月初諺云夏至端午前坐了種年田言雨水調也有雨謂之淋

時雨主久雨年稔怕西南風諺云急風急沒慢風慢沒立驗無雲主三伏熱日暈主有雨水○至後半月謂之三時首三日爲頭時次五日爲中時又次七日爲末時時雨最怕在中時前二日來謂之中時頭必大凶若到得末時縱有雨亦善○吃井水禽也在夏至前叫主旱○鵜鶘一名淘河湖泊中鵞鸛之屬其狀異常水怪也每來必主大水甚驗諺云夏至前來謂之犂湖夏至後來謂之犂途以其背之形狀似犂湖言水漲途言水退也占候者勿泥一途而取之○二十日爲大分龍日占候

與小分龍日同○月內日食主大旱人飢○月無光有火災○虹見有小水主米麥貴○有三卯種稻爲上無則宜種早豆

六月 朔日值大暑主人災夏至主荒小暑主山崩河水溢遇甲主飢風雨主米貴○三日有雨難稿稻諺云六月初三晴竹篠盡枯零○小暑日雨名倒黃梅主水有東南風及成塊白雲主有半月舶䑲風退水兼旱諺云舶䑲風雲起旱魃深歡喜○初六日晴主收乾稻雨謂之湛輊耳主有秋水○三伏中宜熱諺云六月不熱五穀不結蓋適當稿稻

天氣又當下壅之時晴則熱熱則苗旺涼則雨雨則田沒○伏裏西北風臘裏船不通主秋稻秕冬水堅○六月無蝇新舊相登言米價平也○夏秋之交稿稻還水最喜雨○月内日食主旱○有南風主蟲傷稻○虹見主米貴

七月朔日值立秋及處暑主人多疾風雨主人不安○立秋日大雨主傷禾有雷主損晚稻西南風主禾倍收○七夕有雨小麥麻豆賤○中元日雨俗謂之麵籩生日主撈稻○十六日月上早好收稻月上遲秋雨徐言多也○月内虹見主米貴○日月食人灾牛馬貴○有三卯田禾有收無則宜晚

麥

八月朔日晴主連冬旱宜蕎麥得雨宜麥主布絹絲綿及麻子貴○白露日晴主稻有收雨主萬物傷損白露雨爲苦雨主瓜果菜生蟲稻禾沾之則白颯蔬菜沾之則味苦若雙日白露前後有雨不損苗若单日白露前後有雨則損苗若連陰之雨不爲害○秋分日有雨或陰主來年高低田大熟若晴明主不熟西方有白雲起如羣羊爲分氣至年大稔有黑雲相雜者蕪宜麻豆若赤雲主來年旱

東北風主來年大小麥熟風急不利西北風主來年陰雨高低田熟風急不利惟西風主來年民安歲豐○十五日爲中秋晴主來年高田成熟低田水傷有雨主來年低田成熟高田薄收○月內虹見主春米貴秋和平○有三卯主低田稻麥有收無不宜種麥

九月朔日值寒露主冬寒嚴凝霜降主歲歉風雨主春旱夏水東風半日不止主米麥貴○重陽日晴則冬晴雨則冬雨故曰重陽無雨一冬晴及冬至元日上元清明四日皆然重陽有雨則柴薪貴謂之竈荒故曰九月一日晴不如九日明又不如十三日靈○上卯日風從北來主來年三七月米貴三倍東來同西來平平○月內有雷米穀貴○虹見主人災○霜不下來年三月多陰寒

十月朔日值立冬主有災異晴則一冬多晴雨則一冬多雨又多陰寒值小雪有東風主春米賤西風主春米貴○立冬日西北風主來年大熟晴主多魚雨主多無魚冬前霜多主來年早禾好冬後霜多主來年晚禾好○十六日晴主冬暖極准○月內虹見主麻穀貴○月食主魚鹽貴○有雷主人

死稻薄收○有霧俗呼汫霧主來年大水

十一月 朔日値大雪與冬至皆主凶灾有風雨宜麥
○冬至風南來穀貴北來歲稔東來乳母多死西
來禾傷○是日觀雲並須子時至平旦占之有准
青雲北起歲熟民安赤雲旱黑雲水白雲人灾黄
雲大熟無雲大凶○是日雷有大賊横行若前後
有雪主來年大水人飢有兵革○是日取諸粟等
種各平量一升以布囊盛之埋窖陰地候五十日
取驗多寡則知來歲所宜○月内雪多主冬春米
賤○有雷主春米貴至前米價長以後不貴落則

反貴○有霧主來年旱○月食米貴○月無光魚
鹽貴○晦日風雨主春少雨

十二月 朔日値大寒主人灾虎爲患小寒主有祥瑞
東風半日不止主六畜灾風雨主春旱夏雨米貴
○至後逢第三戌爲臘臘前後三兩番雪謂之歲
前三白大宜菜麥諺云若要麥見三白主來年豐
稔又主殺蝗蟲子○月内上旬有雪主來年黄梅
内有雨水中旬有雪亦然○若酉日有雪主冬連
春六十日陰雨若有霧主來年旱稻有傷諺云臘
月有霧露無水做酒醋有雷主來年夏秋旱澇不

均若雷鳴雪裏主陰雨百日方晴○虹見主八月穀貴○立春在殘年内主冬暖○柳眼青主來年夏秋米賤○除夜五更視北斗所主占五穀美惡其星明則成熟暗則有損貪狼主蕎麥巨門主粟祿存主黍文曲主芝蔴廉貞主麥武曲主粳糯米破軍主赤豆輔星主大豆

便民圖纂卷第七終

便民圖纂卷第八

祈禳類

正月元日寅時飲屠蘇酒免疫癘其方用大黃一錢六分桔梗去蘆川椒去核各一錢五分桂心去皮一錢八分烏頭炮去皮臍六分白术一錢八分茱萸一錢二分防風去蘆一兩作咀片以絳囊盛之懸井中或水缸中至寅時取出用無灰酒煎四五沸飲則自幼及長○是日四更時取葫蘆藤煎湯浴小兒則終身不出痘瘡其藤須八九月收下○是日平旦以麻子二七粒投井中辟瘟○是日服小赤豆二七粒面東以虀汁下一年無疾家人

悉宜服之○是日服桃湯桃者五行之精能厭伏邪氣制服百鬼○是日爆竹俗云能辟山魈邪鬼○是日進椒栢酒椒是玉衡星精服之身輕耐老栢是仙藥然進酒次第必當從小者起○是日取五香煑湯浴令人至老鬚髮黑徐諧註云道家謂青木香爲五香○立春日鞭土牛庶民爭之得牛肉者宜蠶○是日食生菜不可過多取迎新之意及進漿水粥以導和氣○入春宜晚脱綿衣不然令人傷寒霍亂○上元日爆孛婁燒乾鍋以糯穀爆之占稻色自早禾至晚禾皆爆一握比分數斷

高下占人口亦然○是月每朝梳頭一二百下至夜欲臥盪熱鹽湯一盆從膝下洗至足方臥以通泄風毒脚氣勿令壅滯○是月上辰日幷逐月庚寅日壬辰日及滿日塞鼠穴又三月庚午日斬鼠尾取血塗屋梁可求辟鼠又云清明日取戌方上土剪狗毛作泥塗房戶內孔穴則蛇鼠諸蟲永不入

二月 月初須灸兩脚三里絶骨對穴各七壯以泄毒氣至夏初即無脚氣衝心之疾○二日取枸杞菜煑湯沐浴令人光澤不老不病○上丑日泥蠶室則宜蠶○上卯日沐髮愈疾○丁亥日收桃杏花陰乾爲末戊子日和井水服方寸七日三服治婦人無子大驗○是月春分後宜佩神明散其方用蒼术桔梗各二兩 附子一兩炮 烏頭四兩炮 細辛一兩 共爲散絳囊盛帶方寸七日人帶之一家無病

三月 二日鷄鳴時以隔宿冷炊湯澆洗瓶口及飯甑飯籮一應厨物則永無百蟲遊走爲害○三日收苦楝花鋪床竈上辟蚤虱蟲蟻○是日採艾掛戶牖間以備一年之灸凡灸宜避人神所在○寒食日以紙袋盛麪掛當風處中暑者以水調服○是

日水浸糯米逐日換水至小滿漉出曬乾炒黃爲末水調治打撲傷損及諸瘡腫處○是日前一百五日採大蓼曬乾能治氣痢用時爲末食前米飲湯下一錢極效○清明前二三日用螺螄浸水中至清明日人未起時以水灑壁上不生蜒蚰仍將螺螄放之吉○清明日日未出時採薺菜花枝候乾夏作燈杖護蚊蛾○是日三更時以稻草縛樹上則不生刺毛蟲○是日所插簷柳可止醬醋潮溢○是月取桃花未開者陰乾百日與赤桑椹等分擣和臘月猪脂塗禿瘡神效

四月 八日宜取枸杞菜煎湯沐浴○是月每朝空心飲葱頭酒令人血氣通暢○是月甲子日將蠶沙三斗埋亥地宜蠶○是月宜用五枝湯澡浴浴訖以香粉傅身畔除瘴毒疏風氣滋血脉五枝方用桑枝槐枝穀樹枝柳枝桃枝各一把麻葉二斤以水一石煎八斗許去柤香粉方用粟米一斤作粉無則以葛粉代之青木香麻黃根附子炮甘松藿香零陵香牡礪各二兩爲末以生絹袋盛之○是月宜飲桑椹酒其方用椹汁三斗白蜜二合酥油一兩生薑汁一合以重湯煑椹汁至斗五升少些

方入塩酥等令得所每服一合称酒服理百種風

五月 五日日未出時採百草頭唯藥苗多者尤佳不拘多少搗濃汁和石灰作餅曬乾治一切金瘡及小兒惡瘡○是日午時於韭畦面東勿語收蚯蚓泥遇魚刺鯁者以少許擦喉外其刺即消謂之六一泥○用熨斗燒一棗子於床下辟狗蚤○寫白字倒貼于柱脚上四處則無蚊子○書儀方二字倒貼于柱脚上辟蚍蟲○取獨頭蒜五箇和黄丹二兩搗爛丸如鷄頭大曬乾心痛者以醋磨一丸服即效○取葛根爲屑治金瘡斷血亦治瘧○取

青蒿和石灰搗至午時丸作餅子有金瘡之患爲末傅之立效○取浮萍午時挍厠中絶青蠅○取露草一百種陰乾燒灰和井花水重煉過以好醋爲餅有腋氣者挾於腋下乾取易之當抽一身臭氣腋間瘡出以小便洗之○採莧菜和馬齒莧等分爲末與孕婦服之易産○取晚蠶蛾生挍竹筒中竹筒須兩頭有節者一頭錐破一穴放蛾入塞之令自乾死遇有竹木刺入肉不能出者取少許爲末唾津調塗刺上即出○取白礬一塊自早曬至晚收之凡百蟲咬者傳之立効○收赤白葵花

各陰乾治婦人赤白帶下赤者治赤白者治白爲末酒服○取猪牙治小兒驚癇燒灰服之兼治蛇咬○取桑樹上木耳白如魚鱗者若患喉閉搗碎綿包如彈丸大水浸含之立効○採艾治百病○取浮萍燒烟辟蚊○以五綵繩繫臂令人辟邪不瘟○夏至日採暎日果即無花果也能治咽喉疾○是月戊辰日以猪頭祀竈令人所求如意○是月宜服五味子湯其方取五味子一大合用木杵臼擣之置小瓷瓶内以白沸湯投之入少蜜即封安火邉良久堪服

六月 六日清晨汲井花水以白塩淘於水中用新鍋還煎作塩每早以此塩擦牙畢却以水嗽吐于手心洗眼日日如此雖老猶能燈下寫書○伏日食湯餅辟惡○是月二十四日忌遠行水陸俱不宜

七月 七日取苦瓠瓤白絞取汁一合以醋一升古錢七文和清徹火煎之減半抹眼背中治眼暗○是日取赤小豆男呑一七粒女呑二七粒終歳無病○是夕取百合根熟搗用新瓦器盛之密封於門上陰乾百日拔去白髮用此摻之即生黑髮又法取螢火蟲二七枚撚髮髮自黑○立秋日人未起

時汲井水長幼皆少飲之却病○是日服赤豆七粒面西井花水下一秋不犯痢疾○是日日未出時取楸葉熬爲膏傅瘡瘍立愈

八月一日取栢葉上露拭目能明目○是日清晨以尾器於百草頭收露水濃磨墨頭疼者點太陽穴劳瘵者點膏肓穴謂之天灸十日以朱點小兒頭亦名天灸以厭疾也○十九日拔白髪則永不生

九月九日登高佩茱萸飲菊花酒令人壽○是日天欲明時以片糕搭小兒頭上乳母祝云自此百事皆高○是日以菊花釀酒飲之治人頭風以枸杞浸酒飲之令人不老亦不白髪兼去諸風○是日收菊花曬乾用糯米一斗蒸熟以菊花末五兩搜拌如常醞法多用麪麴候酒熟壓之每暖一小盞服治頭風頭旋

十月上巳日採槐子服之槐者虛星之精去百病○上亥日採枸杞子二升採時須面東摘生地黄取汁三升以好酒二升盛瓷瓶内二十一日取出研爛入地黄汁同煎攪之却以油紙三重封其口更浸候至立春前三日開逐日空心飲一盃至立春後髭髪變黑補益精氣服之奈老身輕無比○十

四日宜取枸杞作湯沐浴○是月宜進棗湯其方取大棗除皮核中破之於文武火日翻覆炙令香然後煑作湯服之

十一月 冬至日宜於北壁下厚鋪草而臥以受元氣○是日鑽燧取火可去瘟疫○是日以赤小豆煑粥食可辟疫氣

十二月 八日取猪板油四兩懸于厠上則一家入夏無蠅子○癸丑日作門令賊不敢入○水日晒薦蓆能去蚤虱○上亥日取猪肪脂安甕罐内埋亥地上一百日治癰疽内加鷄子白十四枚水銀二

三錢極妙○臘日持椒三七粒臥于井旁勿與人言投于井中除瘟○臘後遇除日取鼠一枚燒灰埋于子地上則一家永無鼠耗○是日田夫牧豎候昏時爭執竿燎火于野名曰點田蠶看火色占來年水旱白主水紅主旱猛烈主豐萎衰主歉風亦取東北爲上○二十五日夜煑赤豆粥大小人口皆食之家人在外亦必留其口分以俟其歸謂之口數粥○除夜燒生盆爆竹看火色大率與田蠶同○是夜宜於富家田内取土泥竈招吉○是夜空房中宜燒皂角令烟謂之辟瘟氣○是夜四

更取麻子赤小豆各二十七粒幷家人髮少許投井中終年不患傷寒瘟疫○是夜取長流水秤之明朝又易水秤之比輕重以較兩年之水占法見正月○是夜安靜爲上吉諺云除夜犬不吠新年無疫癘宜謹守之○是月收雪水尤佳蓋雪者五穀之精若浸五穀之種則耐旱不生蟲淋猪亦可治小兒癍疹調蛤粉可搽痱子極妙用大瓮盛貯埋氷窨內無氷窨則埋於背陰高阜地下稻草蓋之勿令雨水流入○是月雄狐膽若有人暴亡未移時者急以温水微研灌入喉中即治宜常預備救人移時即無及矣○是月取青魚膽陰乾如患喉閉及骨鯁者以此膽少許口中含咽津則解

便民圖纂卷第九

涓吉類

入學　巳巳戊寅甲戌乙亥丙子巳丑辛巳癸未甲申丁亥庚寅辛卯壬辰乙未丙申巳亥壬寅癸卯甲辰乙巳丙午丁未戊申庚戌辛亥甲寅乙卯丙辰庚申辛酉癸亥天月二德三合六合成定開日　忌建破魁罡勾絞離窠受死九土鬼荒無正四廢伏斷及乙丑孔子死日

赴舉　黃道天官天成貴人吉人上官玉堂榮官旺日天月二德三合　忌黒道官符死炁滅沒十惡無祿天休廢四不祥猖鬼路亡陰陽錯

上官到任　甲子乙丑丙寅巳丑庚午辛未癸酉甲戌乙亥丙子丁丑癸未甲申丙戌庚寅壬辰乙未丁酉庚子癸卯丙午丁未癸丑甲寅丙辰巳未天赦天恩月恩黃道上吉天月二德及合活曜吉期戊動旺日相日天貴天慶吉慶成開日　忌天休廢受死赤口冰消瓦陷陰陽錯牢日獄日徒隷死別伏罪不舉刑獄荒無伏斷九土鬼滅沒猖鬼敗亡上朔四不祥日

天遷圖

逐月下起初一　○大月順行小月逆行

○數去遇遷則吉

○自如平罪失亡凶

冠笄　甲子丙寅丁卯戊辰辛未壬申丙子戊寅壬午丙戌辛卯壬辰癸巳甲午丙申癸卯甲辰乙巳丙

丙戌辛卯壬辰癸巳甲午丙申癸卯甲辰乙巳丙

宜葬 甲午丙寅丁卯戊辰辛未壬申丙子戊寅壬午

天運圖

○自卯平羅失亡凶

○數至五遇運則吉

逐月下起初一 ○大月順行小月逆行

荒蕪 伏斷 陰陽錯 九土鬼 日滅沒 猖鬼 敗亡 上朔 四不祥 刑獄

動旺日相日天貴天慶吉慶成開日 九醜 天休 水痕 受死

天恩月恩黃道上吉天月二德及合活曜吉期天赦

酉庚子癸卯丙午丁未癸丑甲寅丙辰己未天

乙亥丙子丁丑癸未甲申丙戌庚寅壬辰乙未丁

上官 到任甲子乙丑丙寅己丑庚午辛未癸酉甲戌

天月二德三合 天休 四廢 不祥 猖鬼 路空 亡敗 十惡 陽錯

赴舉 黃道天官天成貴人吉人上官王堂榮官旺日

無破 正四廢 伏斷 離窠 天火 受死 九丑 荒日

庚申辛酉癸亥天月二德三合六合成定開日 建忌

辰乙巳丙午丁未戊申庚戌辛亥甲寅乙卯丙辰

丁亥庚寅辛卯壬辰乙未丙申己亥壬寅癸卯甲

入學 己巳戊寅甲戌乙亥丙子己丑辛巳癸未甲申

清吉續

便民圖纂卷第九

午丁未庚戌甲寅乙卯丁巳辛酉壬戌天月德天

月恩生炁福生益後續世成定日忌魁罡勾絞月厭受死九土鬼

陰錯陽錯丑日破日入月定日

結姻送禮 乙丑丙寅丁卯庚午辛未丙子丁丑戊寅巳卯壬寅癸卯丙午壬子癸丑甲寅乙卯庚寅辛卯壬午忌建破魁罡月厭氷消瓦陷受死人隔陰錯陽錯

嫁娶 納壻同 乙丑丁卯丙子丁丑辛卯癸卯六日有不將以爲全吉外有壬子癸丑乙卯癸巳壬午乙未丙寅戊寅巳卯庚寅黃道生炁益後續世陰陽合人民合成日忌婦忌月厭厭對天賊月破受死天寡地寡紅沙殺披麻殺天罡勾絞河魁勾絞吟神天雄地雌往亡無翹陰醋陽醋荒無伏斷四離四絕日

嫁娶周堂

大月

夫	姑	堂	翁	第	竈	婦	廚
初一	初二	初三	初四	初五	初六	初七	初八
初九	初十	十一	十二	十三	十四	十五	十六
十七	十八	十九	二十	廿一	廿二	廿三	廿四
廿五	廿六	廿七	廿八	廿九	三十		

小月

婦	竈	第	翁	堂	姑	夫	廚
初一	初二	初三	初四	初五	初六	初七	初八
初九	初十	十一	十二	十三	十四	十五	十六
十七	十八	十九	二十	廿一	廿二	廿三	廿四
廿五	廿六	廿七	廿八	廿九			

納壻周堂

大月

夫	姑	第	翁	門	竈	廚	戶
初一	初二	初三	初四	初五	初六	初七	初八
初九	初十	十一	十二	十三	十四	十五	十六
十七	十八	十九	二十	廿一	廿二	廿三	廿四
廿五	廿六	廿七	廿八	廿九	三十		

小月

戶	廚	竈	門	翁	第	姑	夫
初一	初二	初三	初四	初五	初六	初七	初八
初九	初十	十一	十二	十三	十四	十五	十六
十七	十八	十九	二十	廿一	廿二	廿三	廿四
廿五	廿六	廿七	廿八	廿九			

斬草破土 甲子乙丑丙寅丁卯戊辰庚午壬申癸酉

丙子戊寅己卯壬午甲申乙酉庚寅辛卯壬辰乙未丙申丁酉壬寅癸卯丙午壬子癸丑己酉甲寅乙卯庚申辛酉 忌天瘟土瘟重喪重復天窮地破四時大墓陰陽錯日

安葬 壬申癸酉壬午甲申乙酉丙申丁酉壬寅丙午己酉庚申辛酉庚午庚寅鳴吠對鳴吠戊開日 忌建破魁罡勾絞重喪重復重日人民月建車殺地中白虎人皇人建四大墓氷消瓦陷陰錯陽錯日

葬日周堂

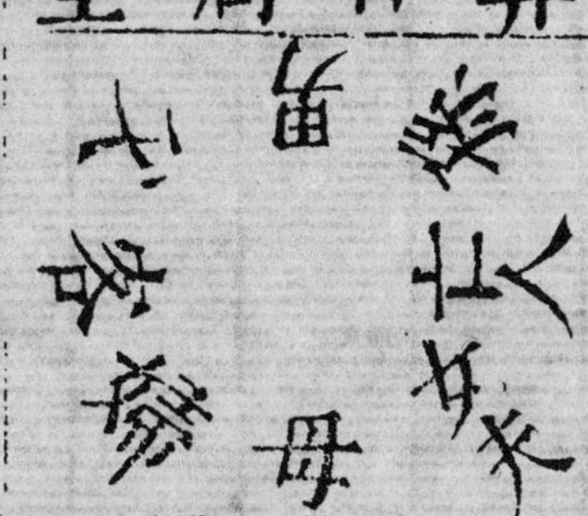

大月初一起父向男順行○小月初一起母向女夫逆行日移一位值亡人吉如值人則出外少避惟停喪在家須論葬日周堂如喪在外則不論此其法只論月分不論節氣

祈禱 丁卯己巳壬申己卯甲申乙酉庚申 忌風伯死日

祭祀 甲子乙丑丁卯戊辰辛未壬申癸酉甲戌丁丑己卯庚辰壬午甲申乙酉丙戌丁亥己丑辛卯甲午乙未丙申丁酉乙巳丙午丁未戊申己酉庚戌乙卯丙辰丁巳戊午己未辛酉癸亥此皆神在之日更宜福生普護敬心陰德 忌天罡滅門河魁大禍龍虎受死鬼隔神隔天狗滿破日及天狗下食時

祈福 乙亥丙子丁丑壬午癸未辛卯甲午乙未壬寅乙卯丙辰壬戌癸亥福生黃道天恩天赦天德月德母倉上吉 忌魁罡建破龍虎受死天神鬼隔滿破戊日

永嗣定執成開益後續世生炁日忌同上

剃胎頭世俗以滿月日剃若值丁日破敗惡星當移前後一日

斷乳伏斷卯日

會客乙丑丙寅丁卯庚午甲戌戊子丙午庚寅辛卯癸卯甲午乙未丙午壬子甲寅乙卯忌赤口上朔酉日破日

過房養子益後續世天月二德及天月二德合成開日忌建破魁罡歸忌受死天賊死別徒隸伏罪荒無人隔

學伎藝滿成開日忌正四廢赤口破日

立契交易同辛未丙子丁丑壬午癸未甲申辛卯乙未壬辰庚子戊申壬子癸卯丁未己未甲寅乙卯辛酉執成日忌空亡長短星破日赤口荒蕪日

求財丙子丁丑己卯滿日

出財丁丑乙酉丙戌癸巳庚戌辛亥乙卯丙辰丁巳辛巳辛酉甲申

納財乙丑丙寅壬午庚寅庚子丙午甲寅天月德天恩上吉次吉收閉日忌月虛赤口天賊荒蕪破日小耗大耗財離勾絞受死忌同前出財

開庫店肆甲子乙丑丙寅己巳庚午辛未甲戌乙亥丙子己卯壬午癸未甲申庚寅辛卯乙未己亥庚

子癸卯丙午壬子甲寅乙卯己未庚申辛酉黄道天月二德三合六合要安滿成開日忌建破魁罡勾絞陰陽錯空亡滅沒九焦空亡財離歲空荒蕪五虛小耗大耗天賊天窮受死日流財亡羸四方耗伏斷四耗虛敗四忌五窮正四廢九土鬼

入宅歸火 甲子乙丑丙寅丁卯己巳庚午辛未甲戌乙亥丁丑癸未甲申庚寅壬辰乙未庚子壬寅癸卯丙午丁未庚戌癸丑甲寅乙卯己未庚申辛酉滿成開日忌家主本命日對衝日天空亡日水消瓦陷子午頭日披麻殺揚公忌日荒無滅沒伏斷受死歸忌天賊正四廢天瘟九醜建破收平日

移居 甲子乙丑丙寅庚午丁丑乙酉庚寅壬辰癸巳乙未壬寅癸卯丙午庚戌癸丑乙卯丙辰丁巳己未庚申忌與上同

出行 甲子乙丑丙寅丁卯戊辰己巳庚午辛未甲戌乙亥丁丑己卯甲申丙戌庚寅辛卯甲午乙未庚子辛丑壬寅癸卯丙午丁未己酉壬子癸丑甲寅乙卯丁巳庚申辛酉滿成開日忌建破魁罡勾絞天賊受死九空財離歸忌九醜咸池小耗五不歸月厭五鬼離窠滅沒亡羸破敗九土鬼正四廢陰陽錯人民離日

開荒田 同動土 天福豐旺母倉生炁黄道上吉忌地火焦坎空亡○大月初六初八二十二二十三日小月初八十一十三十七亦然開爲田痕後凡田事悉忌之

耕田 乙丑己巳庚午辛未癸酉乙亥丁丑戊寅辛巳壬午乙酉丙戌己丑甲午己亥辛丑甲辰丙午癸丑甲寅丁巳己未庚申辛酉成收開日忌土瘟天賊月殺焦坎大耗小耗月建轉殺滿日

浸穀種 甲戌乙亥壬午乙酉壬辰乙卯成開日

下種 辛未癸酉壬午庚寅甲午甲辰乙巳丙午丁未戊申己酉乙卯辛酉

插秧 庚午辛未癸酉丙子己卯壬午癸未甲申甲午己亥庚子癸卯甲辰丙午戊申己酉己未辛酉成收開日

耘田 丙寅丁卯庚午辛未丙子丁丑庚辰辛巳丙戌丁亥庚寅辛卯丙申丁酉庚子丙午辛丑丁未庚戌辛亥丙辰丁巳庚申辛酉戊子又丙丁庚辛日成收開日

割禾 庚午壬申癸酉己卯辛巳壬午癸未甲午癸卯甲辰己酉

開場打稻 丙寅丁卯庚午己卯壬午癸未庚寅甲午乙未癸卯戊午己未癸丑

種麥 庚午辛未辛巳庚戌庚子辛卯及八月三卯日

種蕎麥 甲子壬申壬午癸未辛巳

種麻巳亥辛亥辛巳壬申庚申戊申及正月三卯日

種豆甲子乙丑壬申丙子戊寅壬午及六月三卯日

種瓜甲子乙丑庚子甲寅乙卯辛巳

種薑甲子乙丑壬申壬午辛巳辛未辛卯

種菜庚寅辛卯壬戌戊寅忌秋社前逢庚秋社後逢巳佳此十日

種葱甲子甲申巳卯辛未辛巳辛卯

種蒜戊辰辛未丙子壬辰癸巳辛丑戊申

種芋壬申壬午壬戌辛巳戊申庚子辛卯

種果樹丙子戊寅巳卯壬午癸未巳丑辛卯戊戌庚子壬子癸丑戊午巳未巳亥丙午丁未乙卯戊申巳巳

栽木甲戌丙子丁丑巳卯癸未壬辰

移接花木滿成開日

種作無蟲正三五月壬日四月壬日六月丁巳日八月癸日九十二月丙日十月庚日

天地不收日丙戌壬辰辛亥 天地不成日乙未

浴蠶甲子丁卯庚午壬午戊午忌庚戌蠶姑死日

出蠶甲子庚午癸酉庚辰乙酉甲午乙巳甲申壬午乙未癸卯丙午丁未戊申甲寅戊午生旺開日忌同上

安蠶架箔甲子庚午癸酉丙子戊寅己卯丙戌庚寅甲午乙未丙午甲寅戊午生炁滿成開及卯巳午未日

作繅絲竈子寅申酉成收開日

經絡安機同甲子乙丑丁卯癸酉甲戌丁丑己卯癸未甲申辛巳壬申丁亥戊子己丑壬辰癸巳甲午丙申丁酉戊戌己亥壬寅甲辰乙巳辛亥壬子癸丑甲寅丙辰經絡宜滿成開日安機宜平定日忌天賊受死荒無大耗小耗勾絞九土鬼正四廢建破收平日

開倉庚午己卯辛巳壬午癸未乙酉己丑庚寅及天

月二德成開滿日忌建破魁罡勾絞天賊受死九空財離歲空五虛破敗虛敗小耗大耗四耗日流財亡贏四忌五窮九土鬼正四廢陰陽錯日長短星赤口空亡咸池十惡大敗

五穀入倉庚午己卯辛巳壬午癸未乙酉己丑庚寅癸卯天德月德母倉平滿成收穴天狗日忌同上

起工動土甲子癸酉戊寅己卯庚辰辛巳甲申丙戌甲午丙申戊戌己亥庚子甲辰癸丑戊午庚午辛未丙午丙辰丁未丁巳辛酉黃道月空成開日忌建破魁罡勾絞玄武黑道天賊受死天瘟土瘟土忌土府土痕地破轉殺九土鬼正四廢大殺入中宮日

造地基甲子乙丑丁卯戊辰庚午辛未己卯辛巳甲

申乙未丁酉巳亥丙午丁未壬子癸丑甲寅乙卯
庚申辛酉忌同上

【起工破木】巳巳辛未甲戌乙亥戊寅巳卯壬午甲申
乙酉戊子庚寅乙未巳亥壬寅癸卯丙午戊申巳
酉壬子乙卯巳未庚申辛酉成開日忌刀砧殺木馬斧頭殺天
賊受死月破荒蕪破敗次破敗獨火月火雷火魯
般殺建破魁罡勾絞月建轉殺九土鬼正四廢陰
陽錯荒蕪赤
口大小空亡

【定磉】扇架同　甲子乙丑丙寅戊辰巳巳庚午辛未甲戌
乙亥戊寅巳卯辛巳壬午癸未甲申丁亥戊子巳
丑庚寅癸巳乙未丁酉戊戌巳亥庚子壬寅癸卯
丙午戊申巳酉壬子癸丑甲寅乙卯丙辰丁巳巳
未庚申辛酉黃道天月二德成定日忌朱雀黑道建破魁罡天
瘟天賊受死轉殺土鬼土瘟天火獨
火次地火火星正四廢荒無陰陽錯

【豎造】巳巳辛未甲戌乙亥乙酉巳酉壬子乙卯巳未
庚申十日全吉又有戊子乙未巳亥巳卯甲申庚
寅癸卯黃道天月二德諸吉星成開日外有戊寅
丙寅壬寅月家吉神多亦可用忌家主本命對衝日朱雀黑道獨火
月火天火狼籍荒無次地火氷消瓦陷天瘟天賊
建破魁罡受死魯般刀砧殺忌削血刃殺魯般跌
蹼殺陰陽錯楊公忌正
四廢伏斷九土鬼火星

【上梁】並同上

拆屋甲子乙丑丙寅戊辰己巳辛未癸酉甲戌丁丑戊寅己卯癸未甲申壬辰癸巳甲午乙未己亥辛丑癸卯甲辰乙巳己酉庚戌辛亥癸丑丙辰丁巳庚申辛酉除破日忌正四廢赤口天賊

蓋屋甲子丁卯戊辰己巳辛未壬申癸酉丙子丁丑己卯庚辰癸未甲申乙酉丙戌戊子庚寅丁酉癸巳乙未己亥辛丑壬寅癸卯甲辰乙巳戊申己酉庚戌辛亥癸丑乙卯丙辰庚申辛酉忌天火入風獨火朱雀黑道天瘟天賊月破受死蚩尤九土鬼正四廢轉殺火星午日

泥屋甲子乙丑己巳甲戌丁丑庚辰辛巳乙酉丁亥庚寅辛卯壬辰癸巳甲午乙未丙午戊申庚戌辛亥丙辰丁巳戊午庚申建平日忌同上

偷修壬子癸丑丙辰丁巳戊午己未庚申辛酉以上八日凶神朝天併工造作無妨雖此八日在土王用事日內不可用

修造門甲子乙丑辛未癸酉甲戌壬午甲申乙酉戊子己丑辛卯癸巳乙未己亥庚子壬寅戊申壬子甲寅丙辰戊午天德月德滿成開日忌朱雀黑道歲破魁罡勾絞天瘟天賊受死九空財離耗絕九醜死氣官符離窠轉殺冰消瓦陷天火獨火亥地火火星四忌五窮九土鬼正四廢大殺入中宮門大夫死日

修門忌年九良星己卯丁亥癸巳甲辰在大門壬寅己未庚申在門丁巳在前門

丁卯癸酉
巳卯後門

修門忌月丘公殺 甲巳年九月乙庚年十一月丙辛年正月丁壬年三月戊癸年五月以上並在門牛黃五七十一月在門牛胎三九月在門猪胎二四月在門六甲孕神三九月在門土公春夏在門大小耗星正七月在門

作門忌 春不作東門夏不作南門秋不作西門冬不作北門 庚寅日 門大夫死

門光星 大月從下數至上逆行小月從上數至下順行一日一位遇白圈大吉黑圈損六畜

人字損人不利

○○●●●○○人人人○○○●●●○○人人○○●●●○○○

塞門 塞路築堤塞水同 伏斷閉日 忌丙寅巳巳庚午丁巳

開路 天德月德黃道建平日 忌月建轉殺天賊正四廢破日

造橋梁 起造宅舍同 其法以水來處爲坐水去處爲向 忌寅申巳亥日時

造倉庫 乙丑巳巳庚午丙子巳卯壬午庚寅壬辰甲午乙未庚子壬寅丁未甲寅戊午壬戌滿成開日 忌建破魁罡勾絞天瘟天賊受死月虛五虛十惡九空財離小耗大耗天火獨火次地火火星轉殺四忌五窮九土鬼正四廢氷消瓦陷四耗朱雀天牢黑道天地離日荒無

修倉庫 丙寅丁卯庚午巳卯壬午癸未庚寅甲午乙未癸卯戊午巳未癸丑滿成開日 忌同上

造廚 丙寅巳巳辛未戊寅巳卯甲申乙酉戊申巳酉壬子甲寅乙卯巳未庚申 豎造通用

作竈　甲子乙丑己巳庚午辛未癸酉甲戌乙亥癸未甲申壬辰乙未辛亥癸丑甲寅乙卯己未庚申黃道天赦月空正陽五祥定成開日　忌朱雀黑道天瘟土瘟天賊受死天火獨火十惡四部轉殺毀敗豐至徵衝九土鬼正四廢建破丙丁火星　秋作大吉春作次吉夏不宜作　戊子戊午年不宜修換鼎新作之無妨

作厠　修厠同　己卯庚辰壬午丙戌癸巳壬子乙卯戊午己未天乙絕氣伏斷土閉天聾地啞日　忌正月二十九日

穿井　修井同　甲子乙丑癸酉庚子辛丑壬寅乙巳辛亥辛酉癸亥丙子壬午癸未甲申乙酉戊子癸巳庚

子辛丑戊戌癸丑丁巳戊午己未庚申黃道天月二德及合生炁成日　忌黑道天瘟土瘟天賊受死土忌血忌飛廉九空大小耗水隔九土鬼正四廢刀砧天地轉殺水痕伏斷三六七月及卯日泉竭泉閉日辛巳己丑庚寅壬辰戊申已上係泉竭日戊辰辛巳己丑庚寅甲寅已上係泉閉日

開池　甲子乙丑甲申壬午庚子辛丑辛亥癸巳癸丑辛酉戊戌乙巳丁巳癸亥成閉日　忌玄武黑道天賊土瘟受死小耗大耗龍口伏龍咸池四部黑帝死冬壬癸日大殺入中宮日土鬼天瘟荒無水痕水隔正四廢

開溝渠　甲子乙丑辛未己卯庚辰丙戌戊申開平日

作陂塘　甲子己丑庚午癸酉甲戌戊寅己卯辛巳癸未甲申乙酉乙巳庚寅丙申己亥戊申庚戌壬子

癸丑乙卯伏斷土閉成日忌滿破開日冬壬癸日

築墻動土通用

造酒醋丁卯癸未庚午甲午己未春氐箕夏亢秋奎冬危直日星滿成開日忌天牢黑道天獄勾絞天賊受死小耗大耗月厭死氣天瘟九土鬼正荒無滅沒上下弦月破月忌晦日

造麯辛未乙未庚子

造醬丁卯

醃藏瓜菜初一初三初七初九十一十三十五日

醃臘下飯黃道生炁天月二德及合滿成開日忌同上四條

修製藥餌戊辰己巳庚午壬申乙亥戊寅甲申丙戌

辛卯壬辰乙未丙午丁未辛亥戊午己未除開破日

求醫服藥鍼灸同丁卯庚午甲戌丙子丁丑壬午甲申丙戌丁亥辛卯壬辰丙申戊戌己亥庚子辛丑甲辰乙巳丙午戊申己酉壬子癸丑乙卯丙辰壬戌天醫天巫天解要安生氣活曜天月二德天月德合忌痔禍日氷日辛未扁鵲死日鍼灸忌白虎黑道月厭月殺獨火死別血支血忌火隔男忌除日女忌破日

造桔槔黃道天月二德生炁三合平定日忌黑道虛耗焦坎地火上火土鬼水隔水痕破日

造器皿染顏色同天成天庫祿庫天財地財月財金石合

福厚天月德忌六不成破敗日

造床造粧奩同黃道生氣要安吉期活曜天慶天瑞吉慶

天月二德合天喜金堂玉堂益後續性三合成日

忌天瘟四廢土鬼建破魁罡勾絞火星離窠危日

安床帳甲子乙丑丙寅丁卯庚午辛未甲戌丙子庚

辰辛巳丙戌丁亥癸巳丁酉戊戌乙未己亥庚子

癸卯甲辰乙巳丙午甲寅乙卯丙辰丁巳戊午己

未辛酉壬戌丁丑乙酉戊子壬寅閉日忌天瘟受死天賊卧

尸津破魁罡勾絞荒無九空空亡離窠正四廢土鬼陰陽繼申危日火星

裁衣合帳甲子乙丑丙寅丁卯戊辰己巳癸酉甲戌

乙亥丙子丁丑己卯庚辰辛巳癸未甲申乙酉丙

戌丁亥戊子己丑庚寅壬辰癸巳甲午乙未丙申

戊戌庚子辛丑癸卯甲辰乙巳戊申己酉癸丑甲

寅乙卯丙辰辛酉壬戌裁衣成開日合帳水閉日

裁衣吉星角亢房斗牛虛壁奎婁鬼張翼軫忌天賊朱

雀黑道月破小耗大耗天火月火火星正四廢受死長短星

造船破木修造起工同

成造定舽起造同

新船下水出行同天德月德天月德合要安定成日忌風

波河伯白浪天賊受死月破咸池招揺四激殃敗九坎蛟龍水隔水痕危日張宿觸水龍江河離子骨死河伯死日八風土鬼建破魁罡勾絞正四廢

安碓磑 安磨碾油榨同 庚午辛未甲戌乙亥庚寅庚子庚申 忌牛胎正七月

結網 黑道月殺飛廉受死執危收日

捕魚 戊辰庚辰巳亥魚會日

畋獵 月殺飛廉執危收十干上朔日

作牛欄 甲子戊辰巳巳庚午甲戌乙亥丙子庚辰壬午癸未庚寅庚子戊午巳未辛酉 忌建破魁罡勾絞牛大血血忌牛飛廉牛腹脹牛刀砧天賊天瘟九空受死小耗大耗九土鬼正四廢

作馬坊 甲子丁卯辛未乙亥巳卯甲申戊子辛卯壬辰庚子壬寅乙巳壬子天德月德成開日 忌戊寅庚寅戊午飛廉刀砧血忌天瘟天賊建破魁罡勾絞受死九空上鬼正四廢小耗大耗

作猪圈 甲子戊辰壬申甲戌庚辰戊子辛卯癸巳甲午乙未庚子壬寅癸卯甲辰乙巳戊申壬子 忌天瘟天賊九空受死飛廉刀砧血忌土鬼破日正四廢並小耗大耗

作羊棧 丁卯戊寅巳卯辛巳甲申庚寅壬辰甲午庚子壬子癸丑甲寅庚申辛酉 忌同上

作雞鵞鴨棲窩 乙丑戊辰癸酉辛巳壬午癸未庚寅辛卯壬辰乙未丁酉庚子辛丑甲辰乙巳壬子丙

辰丁巳戊午壬戌满成開日 忌刀砧大耗小耗天賊正四廢受死天瘟

買牛 丙寅丁卯庚午癸未甲申辛卯丁酉戊戌庚子庚戌辛亥戊午壬戌成收開日及正月寅午戌六月亥卯未日 忌魁罡勾絞月破飛廉血忌土鬼正四廢 忌血支血忌刀砧破羣日

納牛 丙寅壬寅乙巳辛亥戊午 忌同上

巳乙卯戊午巳未 忌刀砧血忌

奈牛鼻 戊辰巳巳辛未甲戌乙亥辛巳乙酉戊子乙

教牛 庚午壬午甲午庚子辛亥壬子甲寅

買馬 乙亥乙酉戊子壬辰乙巳壬子巳未收成日 忌戌寅戌申甲寅日

納馬 乙亥巳丑乙巳 忌戌午并破羣日天賊正四廢

伏馬習駒 乙丑巳巳甲戌乙亥丁丑壬午丙戌戊子巳丑癸巳乙未丙申壬寅丁未巳酉甲寅丙辰丁巳辛酉癸亥建收日

買豬 甲子乙丑癸未乙未甲辰壬子癸丑丙辰壬戌 忌破羣日

買羊 甲子丙寅庚午丁丑庚辰辛巳壬午癸未甲申巳丑甲午庚子丁巳戊午

取猫 甲子乙丑丙子丙午丙辰壬午庚午庚子壬子

天德月德生炁日 忌飛廉日鶴神方飛廉大殺方

取犬 辛巳壬午乙酉壬辰甲午乙未丙午丙辰戊午

龍虎日 忌戊日并鶴神方

納六畜 戊寅壬午辛卯甲午戊戌巳亥壬子戌收日 忌破羣日

諸吉神

日吉	月正七	二八	三九	四十	五十一	六十二
青龍黃道	子	寅	辰	午	申	戌
明堂黃道	丑	卯	巳	未	酉	亥
金匱黃道	辰	午	申	戌	子	寅
天德黃道	巳	未	酉	亥	丑	卯
玉堂黃道	未	酉	亥	丑	卯	巳
司命黃道	戌	子	寅	辰	午	申

日吉	月正	二	三	四	五	六	七	八	九	十	十一	十二
天德	丁	申	壬	辛	亥	甲	癸	寅	丙	乙	巳	庚
月德	丙	甲	壬	庚	丙	甲	壬	庚	丙	甲	壬	庚
天德合	壬	巳	丁	丙	寅	巳	戊	亥	辛	庚	申	乙
月德合	辛	巳	丁	乙	辛	巳	丁	乙	辛	巳	丁	乙
月恩	丙	丁	庚	巳	戊	辛	壬	癸	庚	乙	甲	辛
天喜	戌	亥	子	丑	寅	卯	辰	巳	午	未	申	酉

生炁	子	丑	寅	卯	辰	巳	午	未	申	酉	戌	亥
要安	寅	申	卯	酉	辰	戌	巳	亥	午	子	未	丑
玉堂	卯	酉	辰	戌	巳	亥	午	子	未	丑	申	寅
金堂	辰	戌	巳	亥	午	子	未	丑	申	寅	酉	卯
福生	酉	卯	戌	辰	亥	巳	子	午	丑	未	寅	申
益後	子	午	丑	未	寅	申	卯	酉	辰	戌	巳	亥
續世	丑	未	寅	申	卯	酉	辰	戌	巳	亥	午	子
月財	午	乙	巳	未	酉	亥	午	乙	巳	未	酉	亥
貴人（吉人同）	丑	卯	巳	未	酉	亥	丑	卯	巳	未	酉	亥
天財（天慶同）	辰	午	申	戌	子	寅	辰	午	申	戌	子	寅
上官（地財同）	巳	未	酉	亥	丑	卯	巳	未	酉	亥	丑	卯
天庫（天成同）	未	酉	亥	丑	卯	巳	未	酉	亥	丑	卯	巳
天官（祿庭同）	戌	子	寅	辰	午	申	戌	子	寅	辰	午	申
吉慶	酉	寅	亥	辰	丑	午	卯	申	巳	戌	未	子
榮官	卯	卯	卯	午	午	午	酉	酉	酉	子	子	子
豐旺（福厚同）	寅	寅	寅	巳	巳	巳	申	申	申	亥	亥	亥
戌動	午	午	午	酉	酉	酉	子	子	子	卯	卯	卯
吉期	卯	辰	巳	午	未	申	酉	戌	亥	子	丑	寅
三合	午戌	未亥	子申	丑酉	寅戌	卯亥	子辰	丑巳	寅午	卯未	辰申	巳酉
六合	亥	戌	酉	申	未	午	巳	辰	卯	寅	丑	子

月空	壬	庚	丙	甲	壬	庚	丙	甲	壬	庚	丙	甲
天巫	辰	巳	午	未	申	酉	戌	亥	子	丑	寅	卯
天醫	丑	寅	卯	辰	巳	午	未	申	酉	戌	亥	子
天解	午	申	戌	子	寅	辰	午	申	戌	子	寅	辰
敬心	未	丑	申	寅	酉	卯	戌	辰	亥	巳	子	午
普護	申	寅	酉	卯	戌	辰	亥	巳	子	午	丑	未
陰德	酉	未	巳	卯	丑	亥	酉	未	巳	卯	丑	亥
穴天狗	辰	巳	午	未	申	酉	戌	亥	子	丑	寅	卯

日吉　月	春	夏	秋	冬
天赦	戊寅	甲午	戊申	甲子
母倉（季月土王後用巳午日）	亥子	寅卯	辰戌丑未	申酉
旺日	甲乙寅卯	丙丁巳午	庚辛申酉	壬癸丑子
相日	丙丁巳午	戊己辰戌丑未	壬癸亥子	甲乙寅卯
天貴	甲乙	丙丁	庚辛	壬癸

天恩日甲子乙丑丙寅丁卯戊辰己卯庚辰辛巳
壬午癸未己酉庚戌辛亥壬子癸丑

天瑞日戊寅己卯辛巳庚寅壬子

天福日辛巳庚寅辛卯壬辰癸巳己亥庚子辛丑
乙巳丁巳庚申

五合日丙寅丁卯合陰陽　戊寅己卯合人民　庚寅辛卯

金石合壬寅癸卯江河合甲寅乙卯日月合

鳴吠日庚午壬申癸酉壬午甲申乙酉庚寅丙申丁酉壬寅丙午己酉庚申辛酉

鳴吠對日丙寅丁卯丙子辛卯甲午庚子癸卯壬子甲寅乙卯

諸凶神

四廢春庚申辛酉夏壬子癸丑秋甲寅乙卯冬丙午丁巳

日凶	月正七	二八	三九	四十	五十一	六十二
天刑黑道	寅	辰	午	申	戌	子
朱雀黑道	卯	巳	未	酉	亥	丑
白虎黑道	午	申	戌	子	寅	辰
天牢黑道	申	戌	子	寅	辰	午
玄武黑道	酉	亥	丑	卯	巳	未
勾陳黑道	亥	丑	卯	巳	未	酉

日凶	月正	二	三	四	五	六	七	八	九	十	十一	十二
建日人皇人后上府同	寅	卯	辰	巳	午	未	申	酉	戌	亥	子	丑
破日福	申	酉	戌	亥	子	丑	寅	卯	辰	巳	午	未
河魁大禍及勾絞同	亥	午	丑	申	卯	戌	巳	子	未	寅	酉	辰
天罡滅門及勾絞同	巳	子	未	寅	酉	辰	亥	午	丑	申	卯	戌
月殺月虛	丑	戌	未	辰	丑	戌	未	辰	丑	戌	未	辰

金石合 壬寅癸卯 江河合 甲寅乙卯 日月合

鳴吠日 庚午壬申癸酉壬午甲申乙酉庚寅丙申丁酉壬寅丙午己酉庚申辛酉

鳴吠對日 丙寅丁卯丙子辛卯甲午庚子癸卯壬子甲寅乙卯

諸凶神

四廢 春庚申辛酉 夏壬子癸丑 秋甲寅乙卯 冬丙午丁巳

日凶

月	天刑黑道	朱雀黑道	白虎黑道	天牢黑道	玄武黑道	勾陳黑道
正七	寅	卯	午	申	酉	亥
二八	辰	巳	申	戌	亥	丑
三九	午	未	戌	子	丑	卯
四十	申	酉	子	寅	卯	巳
五十一	戌	亥	寅	辰	巳	未
六十二	子	丑	辰	午	未	酉

日凶

月	建日 入皇入后土府同	破日 福	河魁 大禍及勾絞同	天罡 滅門及勾絞同	月殺月虛
正	寅	申	亥	巳	丑
二	卯	酉	午	子	戌
三	辰	戌	丑	未	未
四	巳	亥	申	寅	辰
五	午	子	卯	酉	丑
六	未	丑	戌	辰	戌
七	申	寅	巳	亥	未
八	酉	卯	子	午	辰
九	戌	辰	未	丑	丑
十	亥	巳	寅	申	戌
十一	子	午	酉	卯	未
十二	丑	未	辰	戌	辰

天火狼籍	子	卯	午	酉	子	卯	午	酉	子	卯	午	酉
氷消瓦陷	巳	子	丑	申	卯	戌	亥	午	未	寅	酉	辰
披麻殺	子	酉	午	卯	子	酉	午	卯	子	酉	午	卯
獨火月火	巳	辰	卯	寅	丑	子	亥	戌	酉	申	未	午
天地荒無	巳	酉	丑	申	子	辰	亥	卯	未	寅	午	戌
死炁官符	午	未	申	酉	戌	亥	子	丑	寅	卯	辰	巳
飛廉大殺	戌	巳	午	未	寅	卯	辰	亥	子	丑	申	酉
天賊	辰	酉	寅	未	子	巳	戌	卯	申	丑	午	亥
天瘟	未	戌	辰	寅	午	子	酉	申	巳	亥	丑	卯
小耗	未	申	酉	戌	亥	子	丑	寅	卯	辰	巳	午
大耗	申	酉	戌	亥	子	丑	寅	卯	辰	巳	午	未
九空焦坎 財離歲空同	辰	丑	戌	未	卯	子	酉	午	寅	亥	申	巳
陰錯	庚戌	辛酉	庚申	丁未	丙午	丁巳	甲辰	乙卯	甲寅	癸丑	壬子	癸亥
陽錯	甲寅	乙卯	甲辰	丁巳	丙午	丁未	庚申	辛酉	庚戌	癸亥	壬子	癸丑
牢日	辰	辰	辰	未	未	未	戌	戌	戌	丑	丑	丑
獄日	未	未	未	戌	戌	戌	丑	丑	丑	辰	辰	辰
徒隸	申	申	申	亥	亥	亥	寅	寅	寅	巳	巳	巳
死別	戌	戌	戌	丑	丑	丑	辰	辰	辰	未	未	未
伏罪	亥	亥	亥	寅	寅	寅	巳	巳	巳	申	申	申
不舉	子	子	子	卯	卯	卯	午	午	午	酉	酉	酉

刑獄	丑	丑	丑	辰	辰	辰	未	未	未	戌	戌	戌
月厭	戌	酉	申	未	午	巳	辰	卯	寅	丑	子	亥
厭對	辰	卯	寅	丑	子	亥	戌	酉	申	未	午	巳
天寡	卯	卯	卯	午	午	午	酉	酉	酉	子	子	子
地寡	酉	酉	酉	子	子	子	卯	卯	卯	午	午	午
紅沙殺	酉	酉	酉	酉	巳	巳	巳	巳	丑	丑	丑	丑
吟神	酉	巳	丑	酉	巳	丑	酉	巳	丑	酉	巳	丑
天雄	戌	亥	子	丑	寅	卯	辰	巳	午	未	申	酉
地雌	辰	巳	午	未	申	酉	戌	亥	子	丑	寅	卯
往亡	寅	巳	申	亥	卯	午	酉	子	辰	未	戌	丑
無翹	亥	戌	酉	申	未	午	巳	辰	卯	寅	丑	子
刀砧殺	亥	亥	亥	寅	寅	寅	巳	巳	巳	申	申	申
	子	子	子	卯	卯	卯	午	午	午	酉	酉	酉
木馬殺	巳	未	酉	申	戌	子	亥	丑	卯	寅	辰	午
斧頭殺	辰	辰	辰	未	未	未	酉	酉	酉	子	子	子
	正	二	三	四	五	六	七	八	九	十	十一	十二
魯般殺	子	子	子	卯	卯	卯	午	午	午	酉	酉	酉
月建轉殺		卯			午			酉			子	
四部	午	午	午	卯	卯	卯	子	子	子	酉	酉	酉
地破	亥	子	丑	寅	卯	辰	巳	午	未	申	酉	戌
破敗	申	戌	子	寅	辰	午	申	戌	子	寅	辰	午
太地火	巳	午	未	申	酉	戌	亥	子	丑	寅	卯	辰

毀敗	寅	寅	辰	辰	午	午	申	申	戌	戌	子	子
豐至	申	申	戌	戌	子	子	寅	寅	辰	辰	午	午
徵衝	酉	酉	亥	亥	丑	丑	卯	卯	巳	巳	未	未
地火	戌	酉	申	未	午	巳	辰	卯	寅	丑	子	亥
鬼火	戌	亥	子	丑	寅	卯	辰	巳	午	未	申	酉
土瘟	辰	巳	午	未	申	酉	戌	亥	子	丑	寅	卯
五虛	丑	丑	丑	子	子	子	未	未	未	寅	寅	寅
臥尸	子	酉	未	申	巳	辰	卯	寅	丑	午	戌	亥
楊公忌	十二	十一	初九	初七	初五	初三	初一廿九	二十七	二十五	二十三	二十一	十九
血忌 牛火血同	丑	未	寅	申	卯	酉	辰	戌	巳	亥	午	子
天窮	子	寅	午	酉	子	寅	午	酉	子	寅	午	酉
日流財	亥	申	巳	寅	卯	午	子	酉	丑	未	辰	戌
亡嬴	甲寅	甲午	甲戌	丁卯	丁巳	庚辰	庚寅	庚子	戊辰	癸亥	癸巳	癸亥
四方耗	初二	初三	初四	初五	初二	初三	初四	初五	初二	初三	初四	初五
土忌	寅	巳	申	亥	卯	午	酉	子	辰	未	戌	丑
入座	亥	子	丑	寅	卯	辰	巳	午	未	申	酉	戌
地中白虎	巳	辰	卯	寅	丑	子	亥	戌	酉	申	未	午
重喪	甲庚	乙辛	戊己	丙壬	丁癸	戊己	甲庚	乙辛	戊己	丙壬	丁癸	戊己
龍虎	巳	亥	午	子	未	丑	申	寅	酉	卯	戌	辰
受死	戌	辰	亥	巳	子	午	丑	未	寅	申	卯	酉

歸忌	丑	寅	子	丑	寅	子	丑	寅	子	丑	寅	子
游禍	巳	寅	亥	申	巳	寅	亥	申	巳	寅	亥	申
血支	丑	寅	卯	辰	巳	午	未	申	酉	戌	亥	子
咸池 伏口伏龍同	卯	子	酉	午	卯	子	酉	午	卯	子	酉	午
白浪	寅	卯	辰	巳	午	未	申	酉	戌	亥	子	丑
招搖	辰	卯	寅	丑	子	亥	戌	酉	申	未	午	巳
四激	丑	丑	丑	戌	戌	戌	辰	辰	辰	未	未	未
殃敗	卯	寅	丑	子	亥	戌	酉	申	未	午	巳	辰
蛟龍	未	申	戌	申	戌	丑	辰	未	辰	申	子	巳
天隔	寅	子	戌	申	午	辰	寅	子	戌	申	午	辰
人隔	酉	未	巳	卯	丑	亥	酉	未	巳	卯	丑	亥
神隔	巳	卯	丑	亥	酉	未	巳	卯	丑	亥	酉	未
鬼隔	申	午	辰	寅	午	戌	申	午	辰	寅	午	戌
火隔	午	辰	寅	子	戌	申	午	辰	寅	子	戌	申
水隔	戌	申	午	辰	寅	子	戌	申	午	辰	寅	子
長星	初七	初四	初一	初九	十五	初十	初八	初二初五	初三初四	初一	十二	初九
短星	二十一	十九	十六	二十五	二十五	二十	二十二	十八十九	十六十七	十四	二十二	二十五
天乙絕氣	初六	初七	初八	初九	初十	十一	十二	十三	十四	十五	十六	十七
牛飛廉	午	午	申	申	戌	戌	子	子	寅	寅	辰	辰
牛腹脹	申	申	申	丑	丑	丑	辰	辰	辰	未	未	未

牛腹脹	申	申	申	丑	丑	丑	辰	辰	辰	未	未	未
牛飛廉	午	午	申	申	戌	戌	子	子	寅	寅	辰	辰
天乙絶氣	初六	初七	初八	初九	初十	十一	十二	十三	十四	十五	十六	十七
短星	廿一	十九	十六	廿五	廿五	二十	廿二	十八十九	十六十七	十四	廿二	廿五
長星	初七	初四	初一	初九	十五	初十	初八	初二初五	初三初四	初一	十二	初九
水隔	戌	申	午	辰	寅	子	戌	申	午	辰	寅	子
火隔	午	辰	寅	子	戌	申	午	辰	寅	子	戌	申
鬼隔	申	午	辰	寅	午	戌	申	午	辰	寅	午	戌
神隔	巳	卯	丑	亥	酉	未	巳	卯	丑	亥	酉	未
人隔	酉	未	巳	卯	丑	亥	酉	未	巳	卯	丑	亥
天隔	寅	子	戌	申	午	辰	寅	子	戌	申	午	辰
蛟龍	未	申	戌	申	戌	丑	辰	未	辰	申	子	巳
殃敗	卯	寅	丑	子	亥	戌	酉	申	未	午	巳	辰
四激	丑	丑	丑	戌	戌	戌	辰	辰	辰	未	未	未
招搖	辰	卯	寅	丑	子	亥	戌	酉	申	未	午	巳
白浪	寅	卯	辰	巳	午	未	申	酉	戌	亥	子	丑
咸池 龍同伏口伏	卯	子	酉	午	卯	子	酉	午	卯	子	酉	午
血支	丑	寅	卯	辰	巳	午	未	申	酉	戌	亥	子
遊禍	巳	寅	亥	申	巳	寅	亥	申	巳	寅	亥	申
歸忌	丑	寅	子	丑	寅	子	丑	寅	子	丑	寅	子

天狗　子丑寅卯辰巳午未申酉戌亥

天狗下食時　子日丑日寅日卯日辰日巳日午日未日申日酉日戌日亥日　亥丑子丑寅卯辰巳午未申酉戌

日凶

年　子丑寅卯辰巳午未申酉戌亥

風波日　子丑寅卯辰巳午未申酉戌亥

河伯日　亥子丑寅卯辰巳午未申酉戌

四離日春分秋分夏至冬至前一日

四絶日立春立夏立秋立冬前一日

天休廢日正四七十月初四初九二五八十一月
十八十三三六九十二月二十二十七

赤口日正七月初三初九十五二十一二十七二

八月初二初八十四二十二十六三九月初一
初七十三十九二十五四十月初六十二十八
二十四三十五十一月初五十一十七二十三
二十九六十二月初四初十十六二十二二十
八

九土鬼日乙酉癸巳甲午辛丑壬寅巳酉庚戌丁
巳戊午　其日與建破魁罡相併者大凶餘日無妨

伏斷日子虛丑斗寅室卯女辰箕巳房午角未張
申鬼酉觜戌胃亥壁

天空亡日丁丑戊寅丁未戊申壬辰癸巳壬戌癸

亥

大小空亡日正月初六十四二十二三十大初二
初十十八二十六小二月初五十三二十一二
十九大初一初九十七二十五小三月初四十
二三二十二十八大初八十六二十四小四月初
三十一十九二十七大初七十五二十三小五
月初二初十十八二十六大初六十四二十二
三十小六月初一初九十七二十五大初五十
三二十一二十九小七月初八十六二十四大
初四十二三十二十八小八月初七十五二十
三大初三十一十九二十七小九月初六十四
二十二三十大初二初十十八二十六小十月
初五十三二十一二十九大初一初九十七二
十五小十一月初四十二三十二十八大初八
十六二十四小十二月初三十一十九二十七
大初七十五二十三

大殺入中宮日戊辰丁丑丙戌乙未甲辰癸丑壬
戌非辰戌丑未月則不忌

十惡大敗日甲辰乙巳壬申丙申丁亥庚辰戊戌
癸亥辛巳己丑

四時大墓日春乙未夏丙戌秋辛丑冬壬辰

滅沒日虛爲滅盈爲沒

猖鬼敗亡日丁卯戊辰壬申戊寅辛巳戊子巳丑

戊戌巳亥辛丑戊申庚戌辛亥戊午庚申壬戌

上朔日甲年癸亥乙年巳巳丙年乙亥丁年辛巳

戊年丁亥巳年癸巳庚年巳亥辛年乙巳壬年

辛亥癸年丁巳

九醜日巳卯壬午乙酉戊子辛卯巳酉壬子戊午

辛酉

天地離日丙申丁酉　人民離日戊申巳酉

黑帝死日甲戌

天聾日丙寅戊辰丙子丙申庚子壬子丙辰

地啞日乙丑丁卯巳卯辛巳乙未丁酉巳亥辛丑

四耗日春壬子夏乙卯秋戊午冬辛酉

辛亥癸丑辛酉

四不祥日每月初四初七十六十九

虛敗日春巳酉夏甲子秋辛卯冬庚午

四忌五窮日春甲子乙亥夏丙子丁亥秋庚子辛

亥冬壬子癸亥

五不歸日巳卯辛巳丙戌壬辰丙申巳酉辛亥壬

子丙辰庚申辛酉
離窠日丁卯戊辰巳巳壬申戊寅辛巳壬午戊子
巳丑戊戌巳亥辛丑辛亥戊午壬戌癸亥
火星日子午卯酉月甲子癸酉壬午辛卯庚子巳
酉戊午寅申巳亥月乙丑甲戌癸未壬辰辛丑
庚戌巳未辰戌丑未月壬申辛巳庚寅巳亥戊
申丁巳
水痕日大月初一初七十一十七二十三三十小
月初三初七十二二十六
土痕日大月初三初五初七十五十八小月初一

初二初六二十二二十六二十七
田痕日大月初六初八二十二二十三小月初八
十一十三十七十九
重復日每月巳亥
破羣日每月庚寅甲寅戊辰壬申庚申
張宿日丙子癸未戊戌癸丑乙卯
觸水龍日丙子癸未癸丑　江河離日壬申癸酉
八風日春丁丑巳酉夏甲申甲辰秋辛未丁未冬
甲戌甲寅　風伯死日甲子
子胥死日壬辰　河伯死日庚辰

黃黑道時

子午日子丑卯午申酉爲黃道餘爲黑道　丑未日寅卯巳申戌亥爲黃道餘爲黑道

寅申日子丑辰巳未戌爲黃道餘爲黑道　卯酉日子寅卯午未酉爲黃道餘爲黑道

辰戌日寅辰巳申酉亥爲黃道餘爲黑道　巳亥日丑辰午未戌亥爲黃道餘爲黑道

便民圖纂卷第九

